FORSCHUNGSBERICHT DES LANDES NORDRHEIN-WESTFALEN

Nr. 3048 / Fachgruppe Physik/Chemie/Biologie

Herausgegeben vom Minister für Wissenschaft und Forschung

Prof. Dr. rer. nat. Albert Ziegler
Dr.-Ing. Johannes Heithoff
Dr.-Ing. Klaus Müller
Dr.-Ing. Jürgen Perlia
Lehrstuhl für Reaktortechnik
der Ruhr-Universität Bochum

Untersuchung von Werkstoffeigenschaften mit fokussierten mechanischen Wellen

Westdeutscher Verlag 1981

CIP-Kurztitelaufnahme der Deutschen Bibliothek

<u>Untersuchung von Werkstoffeigenschaften mit</u>
<u>fokussierten mechanischen Wellen</u> / Albert
Ziegler ... - Opladen : Westdeutscher Verlag,
1981.

  (Forschungsberichte des Landes Nordrhein-
  Westfalen ; Nr. 3048 : Fachgruppe Physik,
  Chemie, Biologie)
  ISBN-13: 978-3-531-03048-7   e-ISBN-13: 978-3-322-87527-3
  DOI: 10.1007/978-3-322-87527-3
NE: Ziegler, Albert [Mitverf.]; Nordrhein-
Westfalen: Forschungsberichte des Landes ...

ISBN-13: 978-3-531-03048-7

- III -

Inhalt

1. Einleitung

Für die Beurteilung der Werkstoffeigenschaften von Bauteilen aus Stahl ist
die Kenntnis der Duktilität ebenso wichtig wie die der Festigkeit. Eine
zerstörungsfreie Methode zur Beurteilung der Zähigkeit eines Werkstoffes
gibt es bisher nicht.

Gelingt es, in einem sehr kleinen Volumenelement eines Bauteiles eine
kurzzeitige Spannungsüberhöhung oberhalb der Streckgrenze zu erzeugen,
so wird in einem spröden Werkstoff eine lokal begrenzte Gefügelockerung
auftreten, die auf die Festigkeit des gesamten Bauteiles ohne wesentlichen Einfluß bleibt. Ultraschallwellen werden von solchen Gefügeveränderungen in bestimmter Weise reflektiert, so daß eine anschließende Ultraschall-
untersuchung einen Aufschluß über die Zähigkeit des Bauteiles in Abhängigkeit der zuvor aufgebrachten Spannungsüberhöhung gibt.

Eine für die Gefügeveränderungen notwendige kurzzeitige Spannungskonzen-
tration läßt sich im Prinzip erzeugen, indem man eine elastische Welle
mit konvergierender Front in den zu prüfenden Materialbereich einleitet.
Ist ihre Wellenlänge klein gegenüber dem Durchmesser der abstrahlenden
Fläche, wird sie in einem Fokalbereich zusammenlaufen, wo sie sich zu
einer hinreichend großen Amplitude aufaddiert, wenn auch ein erheblicher
Teil etwa durch Dämpfung oder Streuung verlorengeht.

Bekanntlich lassen sich Ultraschallwellen in Flüssigkeiten oder Gasen,
ähnlich wie Lichtwellen, fokussieren. Hierzu wurden mehrere Arbeiten ver-
öffentlicht. So bestimmte TOULIS /1/ das Druckfeld innerhalb einer kugel-
förmigen Flüssigkeitslinse und in ihrer Umgebung. BOYLES /2/ lieferte den
theoretischen Beitrag zu diesen Experimenten. GODO /3/ benutzte u. a.
sphärisch und elliptisch gekrümmte Polystyrollinsen. FILIPCZYŃSKI und
ETIENNE /4/ untersuchten das von sphärisch geschliffenen Quarzhohl-
schwingern abgestrahlte Schallfeld sowohl theoretisch als auch experimentell.

Diese Verfahren, die sich grundsätzlich auch zur Fokussierung von Ultra-
schall in Festkörpern eignen, ergeben für den hier betrachteten Anwen-
dungsfall zu geringe Spannungsamplituden. Es liegt indes nahe, das
Prinzip der Schallinse auch zur Fokussierung elastischer Wellen hoher
Spannungsamplituden, die durch einen Stoßvorgang erzeugt werden,
anzuwenden.

2. Modell zur analytischen Bestimmung des Spannungsfeldes

Ein schalloptisches System zur Erzeugung lokaler Spannungsspitzen sieht
in Aufbau und Wirkungsweise folgendermaßen aus:

Durch den Aufschlag einer ebenen dünnen Platte auf die ebene Oberfläche
einer einseitig gekrümmten Festkörperlinse wird eine ebene elastische
Welle mit genügend hoher Amplitude in die Linse eingeleitet und pflanzt
sich dort mit der Geschwindigkeit c_{L1} fort. An die gekrümmte Oberfläche
der Festkörperlinse schließt sich ein elastisches Medium an. Die ebene
Kompressionswelle wird an der Grenzschicht Linse – elastisches Medium
zum einen Teil reflektiert und zum anderen Teil als Longitudinal- und
Transversalwelle gebrochen, wobei die gebrochene Longitudinalwelle mit
der Geschwindigkeit c_{L2} in den Fokuspunkt der Linse im angrenzenden Medium zusammenläuft. Im Fokalbereich sind dann lokal begrenzte, hohe
Spannungen zu erwarten.

Da für das in Abb. 1 gestrichelt gezeichnete reale schalloptische System
eine analytische Bestimmung des Spannungsfeldes nicht möglich ist, wurde
es durch ein idealisiertes Modell ersetzt. Es besteht aus einer Kugel
(Medium 2), die in ein unendlich ausgedehntes Medium 1 eingeschlossen ist.
Eine ebene harmonische Kompressionswelle, die sich im Medium 1 in s-Rich-
tung ausbreitet, trifft auf die Kugel.

Die Gleichung zur Beschreibung eines Verschiebungsfeldes in einem iso-
tropen, elastischen Medium lautet:

$$(\lambda+2\mu)\ \nabla\nabla\cdot\vec{u} - \mu\ \nabla x \nabla x\ \vec{u} = \rho\ \frac{\partial^2 \vec{u}}{\partial t^2} \tag{1}$$

In (1) bedeuten:

$$\lambda, \mu \qquad \text{Lame'schen Konstanten}$$

$$\vec{u} \qquad \text{Verschiebungsvektor}$$

$$\rho \qquad \text{Dichte}$$

$$t \qquad \text{Zeitkonstante}$$

$$\nabla \qquad \text{Nabla-Operator}$$

Nach Helmholtz erzeugt eine Welle ein Verschiebungsfeld $\vec{u}$, das sich aus einem skalaren Potential Φ und einem Vektorpotential $\vec{\Psi}$ zusammensetzt.

$$\vec{u} = \nabla \Phi + \nabla \times \vec{\Psi} \qquad \text{mit} \qquad \nabla \cdot \vec{\Psi} = 0 \tag{2}$$

Setzt man die Beziehung (2) in (1) ein, erhält man folgende Wellengleichungen:

$$\frac{\partial^2 \Phi}{\partial t^2} = c_L^2 \, \nabla^2 \Phi \qquad \text{mit} \qquad c_L^2 = \frac{\lambda + 2\mu}{\rho} \tag{3}$$

$$\frac{\partial^2 \vec{\Psi}}{\partial t^2} = c_T^2 \, \nabla^2 \vec{\Psi} \qquad \text{mit} \qquad c_T^2 = \frac{\mu}{\rho} \tag{4}$$

c_L ist die Fortpflanzungsgeschwindigkeit der Longitudinalwelle und c_T die Fortpflanzungsgeschwindigkeit der Transversalwelle.

Zur mathematischen Behandlung des Problems überführt man die Wellengleichungen (3) und (4) in Kugelkoordinaten. Die Trennung der Variablen ergibt ein Gleichungssystem, das aus einer Besselschen, einer Legendreschen und einer linearen Differentialgleichung zweiter Ordnung besteht. Der Weg, der unter den vorgegebenen Randbedingungen zur Lösung des Differentialgleichungssystems führt, ist in /5/ angegeben. Zur numerischen Auswertung der Lösungsfunktionen wurde das FORTRAN-Programm SPELAK entwickelt. Mit seiner Hilfe kann das Spannungsfeld, das eine harmonische Spannungswelle in der Kugel erzeugt, bestimmt werden /6/.

3. Ergebnisse der analytischen Berechnungen

Beim Auftreffen einer ebenen harmonischen Kompressionswelle auf einen elastischen sphärischen Einschluß breiten sich im Innern des Einschlusses eine Longitudinal- und eine Transversalwelle aus. Unter den Voraussetzungen, daß

- die auftreffende Kompressionswelle eine größere Ausbreitungsgeschwindigkeit besitzt als die Longitudinalwelle in dem Einschluß

  und

- das Verhältnis des Kugeldurchmessers D zur Wellenlänge λ_2 der Longitudinalwelle in der Kugel hinreichend groß, etwa $D/\lambda_2 > 10$, ist,

werden sowohl die Longitudinal- als auch die Transversalwelle fokussiert.
Wegen der unterschiedlichen Ausbreitungsgeschwindigkeiten gibt es je einen
Fokussierungsbereich für die Longitudinal- und für die Transversalwelle.
Da die Ausbreitungsgeschwindigkeit der Transversalwelle kleiner als die der
Longitudinalwelle ist, liegt ihr Fokussierungsbereich näher am Mittelpunkt
des Einschlusses als der entsprechende Bereich der Longitudinalwelle. Die
Lage dieser Bereiche kann mit Hilfe des optischen Brechungsgesetzes be-
stimmt werden, indem als Brechungsindex n das Verhältnis der Ausbreitungsgeschwindigkeit der auftreffenden Welle zur Ausbreitungsgeschwindigkeit
der betrachteten Welle innerhalb der Kugel definiert wird.

Beide Wellen verursachen in dem elastischen Einschluß mechanische Spannungen. Während bei kleinen Werten des Parameters D/λ_2 die Spannungen innerhalb der Kugel von kleinerer bzw. gleicher Größenordnung wie im umgebenden
Medium sind, werden mit zunehmendem D/λ_2 sowohl die durch die Longitudinal-
als auch durch die Transversalwelle bewirkten Spannungen zunächst größer,
und es bilden sich infolge Fokussierung beider Wellen lokale Spannungsspitzen aus. Die durch die Transversalwelle verursachten Spannungen erreichen bei $D/\lambda_2 \approx 30$ ein Maximum; dann werden sie mit zunehmendem D/λ_2
dem Betrage nach schnell kleiner. Die durch die Longitudinalwelle bedingt-
ten Spannungen hingegen steigen weiterhin an. Für $D/\lambda_2 \geq 50$ kann der durch
die Transversalwelle bedingte Anteil an den Spannungen innerhalb des Einschlusses, verglichen mit den durch die Longitudinalwelle verursachten
Spannungen, vernachlässigt werden. Die Spannungen können jedoch durch ste-
tiges Vergrößern des Parameters D/λ_2 nicht beliebig erhöht werden, da
bei sehr hohen Frequenzen den Wellen durch innere Reibung Energie entzo-
gen und in Wärme umgewandelt wird. Solche Dämpfungseffekte werden aber
von der zugrunde gelegten linearen Theorie nicht berücksichtigt.

Obwohl für das Rechenmodell einige vereinfachende Annahmen getroffen wurden, lassen sich die erzielten Ergebnisse auf das reale schalloptische
System übertragen. Während aber für die Rechnungen eine harmonische Spannungswelle angenommen wurde, entsteht beim Aufschießen einer Platte auf
die Oberfläche des schalloptischen Systems ein Druckimpuls, dessen Impulsdauer T_P proportional zur Dicke d der aufschlagenden Platte ist.

$$T_P = \frac{2\,d}{c_{LP}} \qquad\qquad (5)$$

Iu Gl. (5) ist c_{LP} die Longitudinalwellengeschwindigkeit des Plattenma-
terials. Damit ein großer Teil des Frequenzspektrums des Spannungsimpulses
im Bereich hoher Frequenzen liegt, muß die Impulsdauer möglichst klein und
die Platte somit möglichst dünn sein. Wie aus den Rechenergebnissen zu sehen ist, treten unter diesen Voraussetzungen wesentliche Spannungsüberhöhungen nur noch im Fokussierungsbereich der Longitudinalwelle auf. Ferner
ist darauf zu achten, daß beide Medien eine nahezu gleiche Schallkennimpe-
danz

$$z = \rho\, c_L \tag{6}$$

besitzen. Dann wird nur ein geringer Teil des einfallenden Impulses an der
Grenzfläche reflektiert, und die Spannungsüberhöhungen treten besonders
deutlich hervor.

4. Experimentelle Untersuchungen in Plexiglas

In einer ersten experimentellen Untersuchung /7/ sollte geklärt werden,
ob eine ebene elastische Welle, die durch den Aufschlag einer ebenen Platte
auf die ebene Oberfläche einer einseitig gekrümmten Festkörperlinse entsteht, in einem angrenzenden elastischen Medium ein fokussierendes Wellenfeld erzeugt, um daraus Erkenntnisse für die Entwicklung einer Duktilitäts-
prüfanordnung zu gewinnen.

Zur Versuchsdurchführung wurde eine Apparatur konstruiert, mit deren Hilfe
ein dünnwandiger Kolben mit ebenem Boden pneumatisch beschleunigt wird,
um auf die ebene Oberfläche einer plankonvexen Aluminiumlinse aufzuprallen.
Das an die Linse grenzende Medium besteht aus Plexiglas. Die Wahl des Materials zum Studium der Wellenausbreitung hatte folgende Gründe:

In Plexiglas breiten sich elastische Wellen gut aus. Die im Vergleich zu
Metallen geringe Festigkeit erlaubt Spannungsimpulse geringer Höhe und damit
niedrige Aufprallgeschwindigkeiten, um örtlich begrenzte zerstörte Bereiche
zu erzielen. Entstandene Risse sind unmittelbar zu sehen. Der Brechungsindex der verwendeten Materialpaarung AlZnMgCuO,5/Plexiglas beträgt
$n = 0,4337$.

Da sphärische Linsen mit konstantem Brechungsindex stets eine geometrische
Aberration aufweisen, ist das reale schalloptische System in Abb. 1,

abweichend vom Modell zur analytischen Bestimmung des Spannungsfeldes, mit
einer ellipsoiden Grenzfläche versehen worden, um noch eine bessere Fokussierung zu erreichen.

Die Funktion zur Bestimmung des Verlaufes der Grenzfläche erhält man aus
den Laufzeitbetrachtungen der Longitudinalwellen in Aluminium und Plexiglas und hat die Lösung:

$$r^2 + (1-n^2)s^2 - 2(1-n)f\,s = 0 \tag{7}$$

In Gl. (7) ist f die Brennweite der Linse. Sie beträgt in der Versuchs-
anordnung 70 mm.

Mit Hilfe der aus der eindimensionalen Theorie abgeleiteten Beziehung
zwischen der durch den Aufprall der ebenen Platte in die Linse eingeleiteten Spannungswelle mit der Amplitude σ und der Aufprallgeschwindigkeit v der Platte

$$\sigma = - \frac{z_1\,v}{2}\,D \tag{8}$$

läßt sich die Amplitude des Druckimpulses durch den Kolbenaufprall nähe-
rungsweise abschätzen. In Gl. (8) muß für z_1 die Impedenz des Linsenma-
terials eingesetzt werden, und

$$D = \frac{2\,z_1}{z_1 + z_P} \tag{9}$$

ist der aus der Ultraschalltechnik bekannte Durchlaßfaktor für Normalspan-
nungen.

Zur meßtechnischen Erfassung des Wellenfeldes wurde eine Anordnung von
fünf piezoelektrischen Druckaufnehmern entwickelt, die nach dem Prinzip
des Aluminium-Quarz-Stabmeßsystems arbeiten. Ihre obere Grenzfrequenz
beträgt 10 MHz. Das Wellenfeld wurde in und unterhalb der Brennebene
der Linse untersucht. Zur Erfassung des räumlichen Druckverlaufes wurden auf dem Durchmesser von 80 mm 25 Meßpunkte festgelegt. Aufgrund der
Einteilung konnte die diametrale Druckverteilung einer Ebene für eine Aufprallgeschwindigkeit mit fünf Druckaufnehmern in fünf Versuchen aufgezeichnet werden. Der Fehler, welcher durch die Wiederholung der Versuche

entsteht, ist von der Größenordnung der linearen Streuung der Drücke, die
am gleichen Ort unter gleichen Bedingungen gemessen wurden. Er ist kleiner
als 2 %.

Bei Vorversuchen wurde eine merkliche Fokussierung des Druckfeldes erst
bei Aufprallgeschwindigkeiten von mehr als 6 m/sec beobachtet. War die
Geschwindigkeit größer als 12 m/sec, traten in einigen Fällen Risse im
Plexiglas auf. Die Messungen wurden deshalb bei den Geschwindigkeiten
v = 8, 10 und 12 m/sec durchgeführt.

Um den Grad der erreichten Fokussierung beurteilen zu können, wurden ver-
gleichende Messungen an einer sogenannten "ebenen Anordnung" vorgenommen.
Hierzu wurde die Linse der schalloptischen Anordnung durch eine planparal-
lele Aluminiumscheibe, der Amboß durch einen Plexiglaszylinder ersetzt.
Durchläuft eine elastische Welle dieses System, erfährt sie infolge Reflexion, Absorption und Streuung Verluste, welche in ihrer Größenordnung
denjenigen, die in der optischen Anordnung auftreten, entsprechen.

Die gemessene maximale Druckverteilung in der Brennebene des schalloptischen Systems für die drei Aufprallgeschwindigkeiten zeigen die Abbildun-
gen 2, 3 und 4, in denen zum Vergleich die Druckverteilung der ebenen Anordnung mitdargestellt ist. Es ist eine deutliche Fokussierung der Welle
auf den Fokalbereich des schalloptischen Systems zu erkennen.

Die Druckverteilung in der ebenen Anordnung zeigt im Bereich der Symme-
trieachse gleichfalls ein Maximum. Dieses ist jedoch weniger ausgeprägt
als das der optischen Anordnung. Wellen, die infolge Beugung vom Rand
der Anordnung ausgehen, lassen durch Interferenz mit der eingeleiteten
ebenen Welle diese Drucküberhöhung in der Mitte entstehen.

Tabelle 1 gibt die im Brennpunkt der optischen und im Mittelpunkt der ebenen
Anordnung gemessenen Maximaldrücke bei den Aufschlaggeschwindigkeiten des
Kolbens von 8, 10 und 12 m/sec wieder. Daraus sind die entsprechenden
Druckverstärkungsfaktoren G abgeleitet worden.

Tabelle 1:   Druckverstärkungsfaktoren

$v \quad \dfrac{m}{sec}$	8	10	12
$\sigma_{opt.}$ bar	436	640	805
$\sigma_{eb.}$ bar	124	200	255
G		3,5	3,2	3,2

Bei Versuchen mit erhöhter Aufprallgeschwindigkeit von 12,5 bis 15 m/sec
zeigten sich im Plexiglas in der Nähe der akustischen Achse Risse. Diese
entstanden durch Reflexion der Druckwelle an der Probenrückseite, wenn
die freie Fläche nah genug am Fokalbereich war. Durch die Reflexion erfährt die Druckwelle eine Phasenumkehr und läuft als Zugwelle in den Körper zurück. Dadurch wird der Werkstoff plötzlich einer Zugbeanspruchung
ausgesetzt, die einen Riß verursacht, falls die Trennfestigkeit des Werkstoffes überschritten wird. Befand sich der Fokalbereich in großer Ent-
fernung zu den freien Rändern, wurden keine Zerstörungen auch bei großer
Aufprallgeschwindigkeit bis 27 m/sec beobachtet. An der ebenen Anordnung
zeigte sich in allen Fällen keine Rißbildung.

Ein Vergleich der Berechnungen nach dem theoretischen Modell mit den Messungen ist in Abb. 5 dargestellt. Darin sind die gerechneten und gemessenen Spannungen auf den jeweiligen Maximalwert normiert worden. In der quantitativen Bewertung liegen die gemessenen Drücke um den Faktor 2,66 bis
2,97 unter den gerechneten Werten. Gründe dafür sind, daß die Rechnungen
Dämpfung und Streuung der Kompressionswelle nicht berücksichtigen, daß
das rechnerische Ergebnis durch Reflexionen, die an der unteren Kugel-
hälfte auftreten, beeinflußt wird, daß in der Rechnung Schubspannungen
mitübertragen werden, und daß dort keine verzerrenden Randeinflüsse berücksichtigt werden.

Bei den bisher diskutierten Versuchsergebnissen betrug das Verhältnis vom
Linsendurchmesser D_L zur dominierenden Wellenlänge λ im fokussierenden Medium

$$\frac{D_L}{\lambda} = 3,2 \text{ bis } 3,5.$$

Da der Linsendurchmesser durch die Apparatur vorgegeben war, konnte eine
für Fokussierung günstige Erhöhung des Parameters D_L/λ nur durch die Ver-
ringerung der Impulsdauer T_p erreicht werden. Es wurde deshalb ein Kolben
mit akustisch weich angekoppelter dünner Platte eingesetzt. Die Plattendicke betrug dabei 3 mm. Es traten jedoch bei Aufprallgeschwindigkeiten
von mehr als 10 m/sec bleibende Verformungen am Kolben auf, so daß er
nur für wenige Messungen brauchbar blieb. Die gemessenen Halbwertsbreiten
der Druckimpulse zeigen mit steigender Aufprallgeschwindigkeit eine gute
Übereinstimmung mit der aus Gl. (5) errechneten Impulsdauer. Durch die
verbesserte Kolbenkonstruktion konnte der Parameter D_L/λ auf 4,88 bzw. 5,6
erhöht werden. Dadurch stieg der gemessene Maximaldruck im Brennpunkt des
schalloptischen Systems um bis zu 30 % gegenüber den in Tabelle 1 bei
v = 8 und 10 m/sec angegebenen Werten an.

5. Untersuchungen zur Fokussierung elastischer Wellen in Stahl

Die bisherigen theoretischen und experimentellen
Untersuchungen zur Fokussierung elastischer Wellen in einem schalloptischen
System liefern die notwendigen Anfangs- und Randbedingungen, die eingehal-
ten werden müssen, um lokale Spannungsspitzen zur Gefügeveränderung in
Stahllegierungen zu erzeugen. Erste Gefügeveränderungen sind bei Stählen
ab einer Spannungsamplitude von 20 kbar an ebenen Platten von CROWE u.a./8/
experimentell festgestellt worden.

Da das fokussierende Medium eine Stahllegierung sein sollte, mußte für die
Linse ein Material gewählt werden, das sich in der Longitudinalwellengeschwindigkeit deutlich von der der Stahllegierung unterscheidet. Als ge-
eignet erschien eine Sondermessinglegierung. In Tabelle 2 sind die entsprechenden Materialdaten des schalloptischen Systems angegeben:

Die Ersatzwellenlänge λ_3 im Amboß als fokussierendem Medium kann mit

$$\lambda_3 = c_{L3}\, 2T_p \qquad\qquad (10)$$

bestimmt werden. T_p folgt aus Gl. (5). Um ein Verhältnis von $D/\lambda_3 > 10$ zu
erreichen, ist der Linsendurchmesser mit $D_L = 200$ mm vorgegeben worden. Daraus
ergaben sich die in Tabelle 3 abzulesenden Auslegungsgrößen des schalloptischen Systems.

Tabelle 2:

	Platte (1)	Linse (2)	Amboß (3)	
Legierung	AlZnMgCuO,5	CuZn40A12	42CrMo4	
Dichte ρ	2,78	8,12	7,85	$g \,/cm^3$
Longitudinalwel-lengeschwindig-keit c_L	0,6327	0,4430	0,5950	cm/µsec
Transversalwel-lengeschwindig-keit c_T	0,3130	0,2100	0,3268	cm/µsec
Wellenwider-stand Z	1,76	3,60	4,67	$\cdot 10^6 \dfrac{g}{cm^2 sec}$

Tabelle 3:

	Plattendicke d		
	2	3	mm
Ersatzwellenlänge λ_3	7,52	11,28	mm
D_L/λ_3	26,59	17,72	-

Die Linsenkrümmung wurde mit Gl. (7) festgelegt. Da der Brechungsindex n größer als 1 ist, ergibt sich ein Rotationshyperboloid als Grenzfläche zwischen Linse und Amboß (Abb. 6). Um die Linsenwölbung möglichst flach zu halten, beträgt die Brennweite f = 140 mm. Für die ausgewählte Werkstoffpaarung ergeben sich nur geringe Reflexionsverluste an der Grenzschicht, da die Impedanzen beider Werkstoffe sich nur wenig unterscheiden.

Zur Bestimmung der zeit- und ortsabhängigen Spannungsverteilung unter Berücksichtigung der Anfangs- und Randbedingungen ist das FORTRAN-Programm SIFA nach dem WILKINSschen Algorithmus /9/ entwickelt worden. Eine numerisch stabile Lösung ist für das schalloptische System jedoch nur durch das

Hinzufügen von Dämpfungstermen bei der Spannungsberechnung erhalten worden. Der Einfluß der numerisch bedingten Dämpfung ist zu groß und drückt wegen der langen Laufzeiten der Spannungswellen deren Amplituden. Eine quantitative Aussage über die Spannungsamplitude im Brennpunkt konnte deshalb nicht gemacht werden. Die Berechnungen zeigen aber, daß eine Fokussierung ebener elastischer Kompressionswellen in Stahl nach Durchlaufen der Messinglinse möglich ist.

Um eine zur Gefügelockerung des zu untersuchenden Werkstoffes genügend große Spannungsamplitude im Fokalbereich des schalloptischen Systems zu erhalten, muß auch die Amplitude der durch den Aufprall der Platte in die Linse eingeleiteten Kompressionswelle groß genug sein, da bis zur Fokussierung ein wesentlicher Anteil durch Streuung, Dämpfung und Reflexion verlorengeht. Die Amplitudenhöhe zu Beginn wird allein bestimmt durch die Aufschlaggeschwindigkeit der Platte, wenn alle Materialwerte vorher festgelegt worden sind. Nach Gl. (8) benötigt man für eine Druckamplitude von ungefähr 10 kbar eine Aufschlaggeschwindigkeit bis zu 100 m/sec. Wegen des erforderlichen großen Plattendurchmessers von 200 mm bei einer Plattendicke von maximal 3 mm kann der Beschleunigungsweg nur einige Millimeter betragen. Die notwendigen großen Beschleunigungswerte lassen sich durch eine elektrodynamische Beschleunigungsvorrichtung, bestehend aus einer Spiralflachspule mit aufliegender Platte, erzielen.

Wird über die Flachspule eine Stoßstromkondensatorbatterie entladen, baut sich um die Spule, hervorgerufen durch den Entladestrom, ein Magnetfeld auf, welches in der Platte einen zum Strom i_1 durch die Spule entgegengesetzt gerichteten Wirbelstrom i_2 induziert. Die entgegengesetzt fließenden Ströme i_1 und i_2 bewirken eine abstoßende Kraft zwischen Spule und Platte, wodurch die Platte beschleunigt wird.

Um zu einer quantitativen Abschätzung der erreichbaren Plattengeschwindigkeiten zu gelangen, kann das Beschleunigungssystem Spule - Platte mit Hilfe eines Transformator-Ersatzschaltbildes durch ein Differentialgleichungssystem mathematisch nachgebildet werden /9/. Sowohl bei den Berechnungen wie im Versuch ist dabei von folgender Anordnung ausgegangen worden:

<u>Spule:</u>

Innendurchmesser	20	mm
Außendurchmesser	200	mm
Dicke des Kupferflachdrahtes	4	mm
Höhe des Kupferleiters	30	mm
Dicke der Isolierschicht	2	mm
Anzahl der Windungen	17,5	
Leitfähigkeit des Kupferleiters	$5,7 \cdot 10^7$	$\frac{S}{m}$

<u>Platte:</u>

Durchmesser der Aluminiumplatte	200	mm
Dichte der Platte	2,8	$\frac{g}{cm^3}$
Leitfähigkeit der Platte	$2,3 \cdot 10^7$	$\frac{S}{m}$

Als Ergebnis der Lösung des Differentialgleichungssystems ist in Abb. 7 die Plattengeschwindigkeit in Abhängigkeit vom zurückgelegten Weg und der Ladespannung U_o der Kondensatorbatterie aufgezeichnet worden. Dabei handelt es sich um die Beschleunigung einer 2 mm dicken Aluminiumplatte.

Anhand des Diagramms ist es möglich, bei Vorgabe eines Beschleunigungsweges in Abhängigkeit von der Ladespannung U_o die Plattengeschwindigkeit abzuschätzen. Bei der Berechnung der elektrodynamischen Beschleunigung ist das Schwerefeld der Erde nicht berücksichtigt worden. Ebenso ist der Raum, in dem die Platte beschleunigt wird, als vollständig gasfrei betrachtet worden.

Zur experimentellen Untersuchung ist ein Versuchsstand aufgebaut worden, bestehend aus dem schalloptischen System und der elektrodynamischen Beschleunigungsvorrichtung. Abb. 6 zeigt die Versuchsapparatur im Schnitt. Das schalloptische System beinhaltet im wesentlichen die Linse 18, die in den Amboß 15 eingeschliffen wurde und durch einen Haltering 19 in ihrer Lage fixiert wird. Der Fokuspunkt der Linse liegt außerhalb des Amboß im Bereich der auswechselbaren Prüfkörper 16. Diese werden über eine Deckplatte 17 und drei Zuganker 4 festgehalten. Das Herzstück der elektrodynamischen Beschleunigung ist die Spule 9, die in den Spulentopf 8 eingegossen wurde.

Für den Spulentopf wurde als Material eine Aluminium-Knetlegierung verwendet, da dieser Werkstoff sehr hoher Festigkeit nicht magnetisierbar ist. Der Entladestromkreis ist auf eine Kondensatorkapazität von 294 µF und eine maximale Ladespannung·von 10 kV ausgelegt worden. Da bei diesen Auslegungswerten der Entladestrom im ersten Maximum eine Stärke von 54.000 A hat, mußten bei der konstruktiven Ausführung der Spule die mechanischen Belastungen durch den Strom mitberücksichtigt werden. Zum einen ziehen sich während des Stromflusses die einzelnen Windungslagen an, so daß bei Beendigung des Entladevorganges die Spule wieder entlastet wird, zum anderen treten ebenso wie zwischen Spule und Platte auch zwischen Spule und Spulentopf abstoßende Kräfte auf, die aufgefangen werden müssen. Dazu dienen ein konisch angedrehter Spannring 7 und die in den Topfboden eingefrästen Schwalbenschwanznuten, in die das Gießharz einfließen kann.

Die größten Anforderungen werden an die Isolierschicht zwischen Spule und Platte gestellt, da bei den großen mechanischen Belastungen durch die Platte die geringsten Beschädigungen oder die noch durch das Gießen verbliebenen Gaseinschlüsse zu elektrischen Durchschlägen führen können. Als Isoliermaterial hat sich das Epoxid-Gießharz STYCAST 2850 FT der Firma Emerson & Cuming GmbH als sehr brauchbar erwiesen.

Der Beschleunigungsweg der Platte 10 kann durch Veränderung der Distanzbolzenlängen 5 variiert werden. Der Raum, in dem sich die Platte als einziges bewegliches Teil befindet, wird über den Anschluß einer Vakuumpumpe an den entsprechenden Stutzen 13 evakuiert.

Die punktkinetische Betrachtungsweise, die bei der Berechnung der Plattenbeschleunigung angewandt wurde, kann keinen Aufschluß über die Druckverteilung zwischen Spulenoberfläche und Platte geben. Die Versuche haben jedoch gezeigt, daß die Platte sich während der Beschleunigungs- und Flugphase plastisch verformt und deshalb nicht mehr mit der gesamten Fläche in einem Zeitpunkt auf die Linsenoberfläche aufschlagen kann.

Um eine Auskunft über die Art der Druckverteilung auf die Platte zu bekommen, ist folgendes Verfahren angewandt worden:

Zunächst ist die radiale wie die axiale Komponente des Magnetfeldes der
Spule im eingebauten Zustand mit Hilfe einer Sondenspule etwa 4 mm oberhalb der Spulenoberkante bei einer Frequenz des Spulenstromes von 1 MHz
ausgemessen worden. Die Feldverteilung ist für vier Richtungen in Abb. 8
wiedergegeben. Die Beträge sind auf den Maximalwert der axialen Feldkompo-
nente normiert worden, um die Größenverhältnisse der radialen und axialen
Induktionskomponenten zueinander zu verdeutlichen. Die Spitzen der radialen Komponenten in der Nähe der Spulenachse stammen vom magnetischen Feld
der inneren Zuleitung der Spule.

Wenn man die sekundären Feldanteile nicht berücksichtigt, die hervorgerufen werden durch den in der Platte induzierten Wirbelstrom, so läßt sich
mit Hilfe repräsentativer Stromfäden eine qualitative Verteilung der Wir-
belströme in der Platte bestimmen. Dazu wird die allgemeine Form des In-
duktionsgesetzes herangezogen.

$$\oint_C \vec{E}_2 \, d\vec{s} = - \frac{\partial}{\partial t} \int_A \vec{B}_1 \, d\vec{A} \tag{11}$$

Gl. (11) besagt, daß das Integral über der induzierten elektrischen Feldstärke $\vec{E}_2$ in der Platte längs des geschlossenen Weges C gleich der zeit-
lichen Ableitung der über der vom Wege C eingeschlossenen Fläche A inte-
grierten magnetischen Induktion $\vec{B}_1$ der Spule ist. Da nur die axiale Komponente des Magnetfeldes der Spule, die senkrecht auf der Plattenfläche
A steht, die elektrische Feldstärke mit Feldlinien als zur Plattenachse
konzentrischen Kreisen induziert, ist unter Berücksichtigung einer Ver-
teilungsfunktion für $\vec{B}_z(r)$ in Annäherung an die gemessene Verteilung die
Integration der Gl. (11) durchgeführt worden. Nimmt man im einfachsten
Fall für die axiale Verteilung der Feldkomponenten $\vec{B}_z$ einen linearen Ver-
lauf über dem Radius r an, so ergibt sich für die Stromdichteverteilung
$\vec{J}_2$ in der Platte die Abhängigkeit

$$\vec{J}_2(r,t) = \varkappa_2 \vec{E}_2(r,t) = f(t)(- \frac{1}{240} r^2 + \frac{1}{2} r)\vec{e}_\varphi \qquad r \text{ in mm.} \tag{12}$$

In Gl. (12) ist f(t) eine Funktion, die die zeitliche Abhängigkeit der
Stromdichte in der Platte beschreibt. Nach Aufteilen der Platte in 21
Kreisringe ist für jeden Ring ein Stromfaden mit der zugehörigen Strom-
stärke i_2 durch Integration der Stromdichte über die entsprechende
Querschnittsfläche A' des Ringelementes festgelegt worden.

$$i_2 = \int_{A'} \vec{J}_2 \; d\vec{A}' \tag{13}$$

Man kann zur Bestimmung der Kräfte auf die Stromfäden folgende Beziehung anwenden /10/:

$$d\vec{F} = i_2 (d\vec{s}_2 \times \vec{B}_1) \tag{14}$$

Da der Kraftvektor $\vec{F}$ senkrecht auf dem Vektor der magnetischen Induktion $\vec{B}_1$, Abb. 9a, steht, kann der Kraftvektor in eine axiale und radiale Komponente aufgespalten werden.

$$\vec{F}_Z = i_2 \; 2\pi r \; B_{1R} \; \vec{e}_Z \tag{15}$$

$$\vec{F}_R = i_2 \; 2\pi r \; B_{1Z} \; \vec{e}_R \tag{16}$$

Aus Gl. (15) erkennt man, daß neben der Größe des Wirbelstromes für die Druckverteilung auf die Platte nur die radiale Induktionskomponente verantwortlich ist und daß nach Gl. (16) die axiale Induktionskomponente innere Kräfte in radialer Richtung in der Platte hervorruft.

Um zu einer quantitativen Bestimmung der Kräfte zu gelangen, ist beispielhaft für den Fall der Beschleunigung einer 2 mm dicken Platte bei einer Ladespannung der Kondensatoren von U_o = 6 kV die gemessene Flugzeit von 137 µsec herangezogen worden. Mit der Annahme, daß die Beschleunigung konstant sei, läßt sich diese errechnen aus der Beziehung

$$x = \frac{1}{2} \, a \, t^2 \tag{17}$$

Bei einem Beschleunigungsweg von x = 5,5 mm ergibt sich eine Beschleunigung von

$$a = 586.072 \; \frac{m}{sec^2} \; .$$

Die resultierende Beschleunigungskraft beträgt

$$F_{Zges} = m \, a = 103.148,6 \; N.$$

Mit Hilfe der Gl. (15) lassen sich dann aus der resultierenden Kraft F_{zges} über die Feldverteilung $\vec{B}_{1R}$ und die Verteilung der Stromstärke i_2 die

auf die Stromfäden (Kreisringe) angreifenden Beschleunigungskräfte ablei-
ten. Die resultierende Druckverteilung ist in Abb. 9b wiedergegeben.

Für die inneren Kräfte, hervorgerufen durch die axialen Feldanteile $\vec{B}_{1z}$,
lassen sich quantitativ keine Werte angeben. Lediglich die Richtungen
und die Größenverhältnisse zueinander sind bestimmbar.

Diese sind in Abb. 9c wiedergegeben, wobei die Beträge der Kräfte durch
die jeweiligen Längen der Stromfäden, auf die sie einwirken, dividiert
worden sind. Ein Teil dieser Kräfte wirkt radial nach innen, während zum
Außenrand der Platte hin sich die Richtung der Kräfte aufgrund des Vor-
zeichenwechsels der axialen magnetischen Feldstärke umkehrt.

Der Einfluß der Druckverteilung auf das Verhalten der Platte während der
Beschleunigungsphase ist für die angegebene Verteilung in Abb. 9b mit
Hilfe eines Rechenmodells untersucht worden.

Das benutzte Rechenmodell ist von JOHNSON /11/ entwickelt worden und ge-
hört zur Gruppe der numerischen Integrationsmethoden. Mit Hilfe von Drei-
eckselementen und speziellen Ansätzen der Finite-Element-Methode für die
Verschiebungen werden Verzerrungen und Spannungen in rotationssymmetrischen
Bauteilen numerisch ermittelt. Dieser Algorithmus gestattet es, außen
an das Bauteil angreifende Kräfte als Anfangsbedingung zu verarbeiten.
Die Ergebnisse sind für die Platte in Abb. 10 für vier Zeitpunkte wiedergegeben.

Die ungleichmäßige Druckverteilung auf die Platte führt während des Be-
schleunigungsvorganges zu einer Verformung der Platte. Die durch die Verformung verursachten mechanischen Spannungen in der Platte erreichen, noch
bevor die Platte ganz von der Spule abgehoben hat, örtlich die Streckgrenze.
Nach den Modellrechnungen hat sich die Platte mit ihrem Mittelpunkt erst
nach etwa 30 µsec bei einer Gesamtflugzeit von 137 µsec vollständig von der
Spulenoberfläche gelöst, und die Deformationen haben sich voll ausgebildet.
Zu diesem Zeitpunkt sind die elastischen Durchbiegungen in plastische Verformung übergegangen, wobei im gesamten Bereich der Platte die Vergleichsspannungen die Streckgrenze des Materials von 3,8 kbar überschritten haben.
Die Vergleichsspannungen liegen im Mittel um den Faktor 5, lokal sogar um
den Faktor 16, oberhalb der Streckgrenze.

Die tatsächlichen mechanischen Belastungen der Platte müssen noch weit-
aus größer sein, da die in der Modellrechnung nicht berücksichtigten inneren Kräfte in radialer Richtung zusätzliche Spannungen verursachen. Auch
die Beschleunigungswerte sind in Wirklichkeit nicht zeitlich konstant,
sondern haben einen Maximalwert, der über dem für die Nachrechnung verwendeten Wert liegt. Die Platte hat sich selbst bei relativ kleinen Lade-
spannungen von 2 kV während der Beschleunigung verformt.

Versuche, durch Aussparungen in der Platte und durch unterschiedliche
Plattendicken in radialer Richtung zwecks Variation der elektrischen
Widerstände für den Wirbelstrom die Druckverteilung zu vergleichmäßi-
gen, blieben ohne Erfolg.

Als Plattenmaterial wurde in allen Fällen eine Aluminium-Knetlegierung
mit hoher Festigkeit eingesetzt. Die günstigen Eigenschaften dieser Le-
gierung wie die geringe Dichte, die eine für die Beschleunigung geringe
Masse erbringt, wie die hohe Longitudinalwellengeschwindigkeit, die die
Impulsbreite des einzuleitenden Druckimpulses klein hält, und die gute
elektrische Leitfähigkeit sind bei keinem anderen Werkstoff in dieser
Zusammensetzung gegeben. Es ist daher nicht der Versuch unternommen worden, anderes Plattenmaterial zu verwenden.

Die Platte schlägt nur noch mit einem geringen Teil ihrer Gesamtfläche
auf die Linse auf, weshalb sich nicht die erforderliche ebene Wellenfront über den gesamten Linsenquerschnitt ausbilden kann. Ein eindeuti-
ger Druckimpuls konnte deshalb im Fokus der schalloptischen Anordnung
nicht gemessen werden.

Neben den konventionellen Methoden zur Erzeugung von Spannungswellen in
festen Körpern, wie dem Aufschlag fliegender Platten und dem Einwirken
von Detonationswellen, ist in den letzten Jahren eine Methode entwickelt
worden, Druckwellen durch Einwirkung von Laserimpulsen auf einen Probe-
körper in diesem zu erzeugen. Während man bei den herkömmlichen Verfahren
durch Aufprall oder Sprengung entweder mit den Unzulänglichkeiten mecha-
nisch bewegter Teile oder den nicht immer ganz kontrollierbaren Detona-
tionsgeschwindigkeiten und -fronten zu kämpfen hat, hat die Verwendung
von Laserimpulsen im Hinblick auf ihre Exaktheit und das Fehlen jeglicher
bewegter Körper große Vorteile gegenüber den konventionellen Techniken.

Es ist deshalb alternativ zu den Verfahren mit Festkörperlinsen die Möglichkeit zur Erzeugung einer konvergierenden Wellenfront durch Beschuß einer sphärischen Oberfläche eines Körpers aus Stahl mit Laserimpulsen theoretisch untersucht worden. Die in /9/ diskutierten theoretischen und experimentellen Untersuchungen verschiedener Autoren bestätigen, daß bei entsprechenden Impulsleistungen des Lasers Druckimpulse mit Amplituden im kbar-Bereich in feste Körper eingebracht werden können.

Mit Hilfe einer modifizierten Version des Programmes SIFA ist die Ausbreitung des Wellenfeldes in einer sphärisch-fokussierenden Anordnung berechnet worden. Hierbei konnte aufgrund der geringen Abmessungen des Körpers der Einfluß der numerischen Dämpfung ausgeschaltet werden.

Bei einer gleichmäßig verteilten Druckamplitude von 5 kbar auf der sphärischen Oberfläche, einer Ersatzwellenlänge von $\lambda = 3,5$ mm und einem $D/\lambda = 14,28$ konvergiert die erste Druckwelle im Fokalpunkt und führt zu einer Amplitudenerhöhung auf 6,3 kbar. Wirkliche Spannungsverstärkungen treten aber erst bei den nachfolgenden Wellen im Fokus auf, hervorgerufen durch verkürzte Wellenlängen und Interferenzen innerhalb des Wellenfeldes. Die für diesen Fall ermittelten Spannungsspitzen von mehr als 23 kbar könnten ausreichend sein, örtliche Gefügeveränderungen im Werkstoff herbeizuführen.

Die Untersuchungen über die Fokussierung elastischer Wellen mit Hilfe von Impuls-Lasern mußten jedoch auf den theoretischen Bereich beschränkt bleiben, da die zur Erzeugung von Druckwellen im kbar-Bereich notwendigen Impulsleistungen im Gigawatt-Bereich liegen. Impuls-Laser mit derartigen Leistungen überschreiten jedoch den Rahmen der Möglichkeiten des hiesigen Instituts.

6. Zusammenfassung

Die theoretischen und experimentellen Voruntersuchungen der Möglichkeit
der Fokussierung elastischer Wellen mit Hilfe von Festkörperlinsen lie-
ferten die notwendigen Rand- und Anfangsbedingungen für ein schalloptisches System zur Fokussierung elastischer Wellen in Stahl.

Um eine zur Gefügeveränderung notwendige hohe Spannungsamplitude im
schalloptischen System erreichen zu können, müssen die Abmessungen des
Systems aufgrund der Forderung, daß $D/\lambda > 10$ sein soll, und die Aufschlaggeschwindigkeiten der Platte sehr groß sein. Diese Anfangs- und Randbedingungen behindern jedoch die praktische Durchführung, so daß eine experimentelle und damit verbunden eine quantitative Bestätigung bisher
nicht erfolgen konnte.

Erfolgversprechender erscheint dagegen unter Verzicht auf Festkörperlinsen und bewegte Platten die direkte Erzeugung einer konvergierenden Wellenfront durch den Beschuß einer sphärisch gekrümmten Oberfläche eines
Festkörpers mit Hilfe eines entsprechend intensitätsreichen Laser-Impul-
ses. Theoretische Untersuchungen /9/ des Wellenfeldes in dem Festkörper
bestätigen, daß eine so erzeugte konvergierende Wellenfront eine genügend
hohe Spannungsamplitude im Fokalpunkt der Anordnung liefern kann.

7. Literaturverzeichnis

/1/ W. J. Toulis
     Acoustic Focusing with Spherical Structures
     Journ. Acoust. Soc. Am.
     Vol. 35 (1963) S. 286

/2/ C. A. Boyles:
     Theory of Focusing Plane Waves by
     Spherical, Liquid Lenses
     Journ. Acoust. Soc. Am.
     Vol. 38 (1965) S. 393

/3/ J. Godo:
     Theoretische Betrachtungen und experimentelle
     Untersuchungen über Polystyrol-Ultraschall-Linsen
     Dissertation Innsbruchk 1968

/4/ L. Filipczyński, J. Etienne:
     Theoretical study and experiments on
     spherical focusing transducers with
     Gaussion surface velocity distribution
     Acustica 28 (1973) 121-128

/5/ Yih-Hsing Pao und Chao-Chow Mow:
     Diffraction of Elastic Waves and Dynamic
     Stress Concentrations
     Adam Hilger, London (1971)

/6/ K. Müller:
     Beitrag zur Theorie der Fokussierung ebener
     elastischer Kompressionswellen durch sphärische
     Festkörper
     Dissertation Bochum (1976)

/7/ J. Perlia:
     Experimentelle Untersuchungen zur Fokussierung
     elastischer Wellen in festen Körpern
     Dissertation Bochum (1978)

/8/ C. R. Crowe, W. H. Holt, W. Mock jr., D. H. Griffin:
     Dynamic Fracture and Fragmentation of Zylinders
     Naval Surface Weapons Center, Dahlgren Laboratory
     Virginia (November 1976)

/9/ J. Heithoff:
     Untersuchungen über die Möglichkeiten der Fokussierung
     elastischer Wellen in festen Körpern
     Dissertation Bochum (1980)

/10/ Karl Knüpfmüller:
     Theoretische Elektrotechnik
     Springer Verlag
     Berlin - Heidelberg - New York 1973

/11/ G. R. Johnson:
     Analysis of Elastic-Plastic Impact
     Involving Severe Distortion
     Journal of Applied Mechanics, Sept. 1976

8. Abbildungen

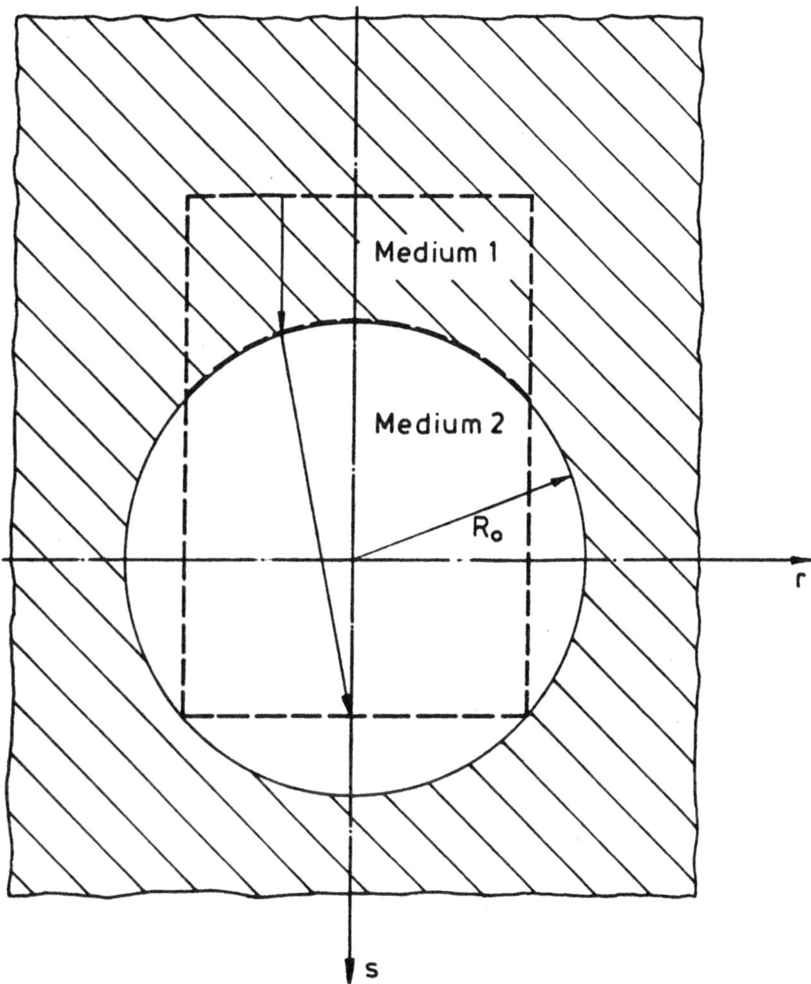

Abb, 1   Modell zur analytischen Bestimmung des Spannungsfeldes in einem sphärischen elastischen Körper
(Medium 2), der eingebettet ist in ein unendlich
ausgedehntes elastisches Medium 1. Der gestrichelt
gezeichnete Ausschnitt stellt das reale schalloptische System dar.

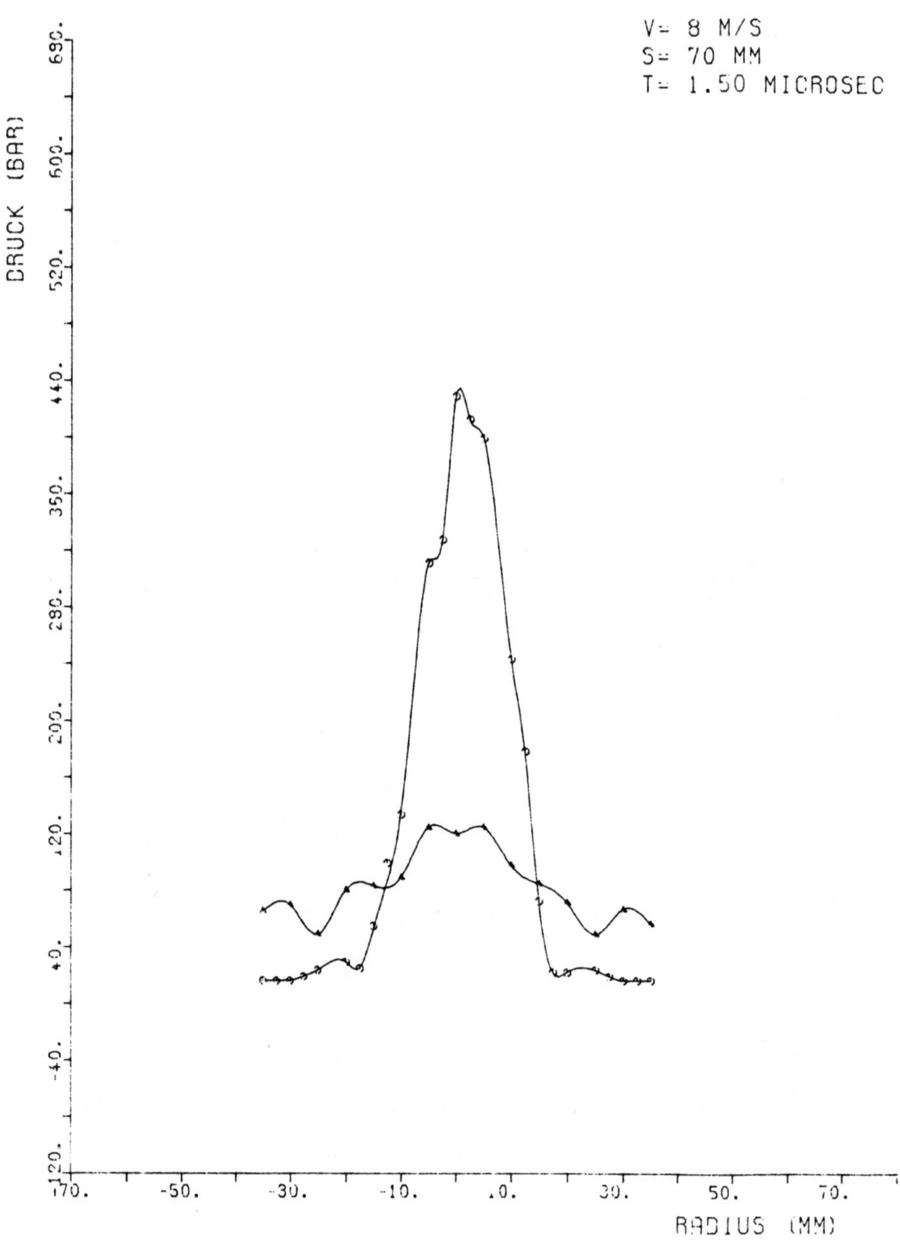

Abb. 2   ⊙   FOKUSSIERENDE ANORDNUNG
             ⊥   EBENE   ANORDNUNG

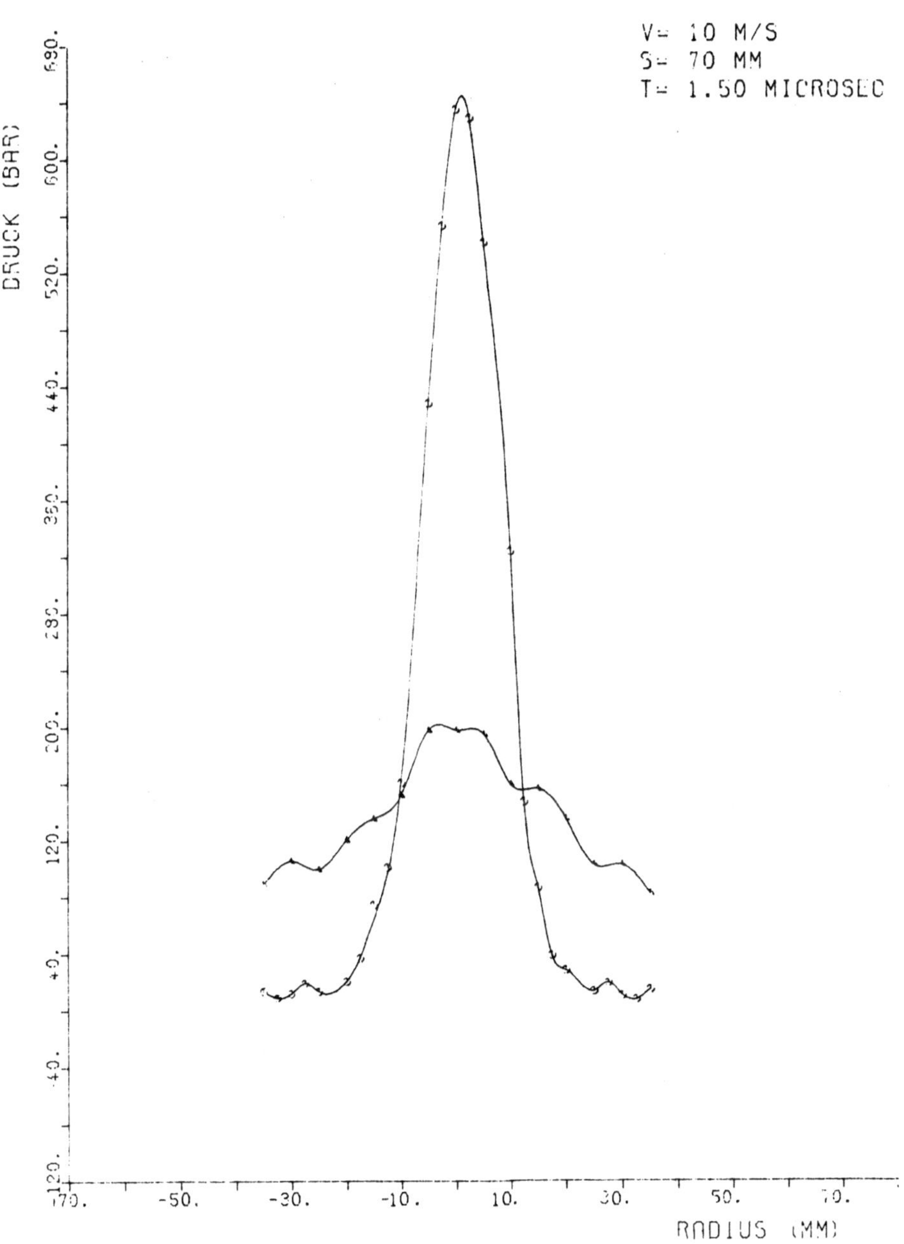

Abb. 3   o   FOKUSSIERENDE ANORDNUNG
            ∆   EBENE   ANORDNUNG

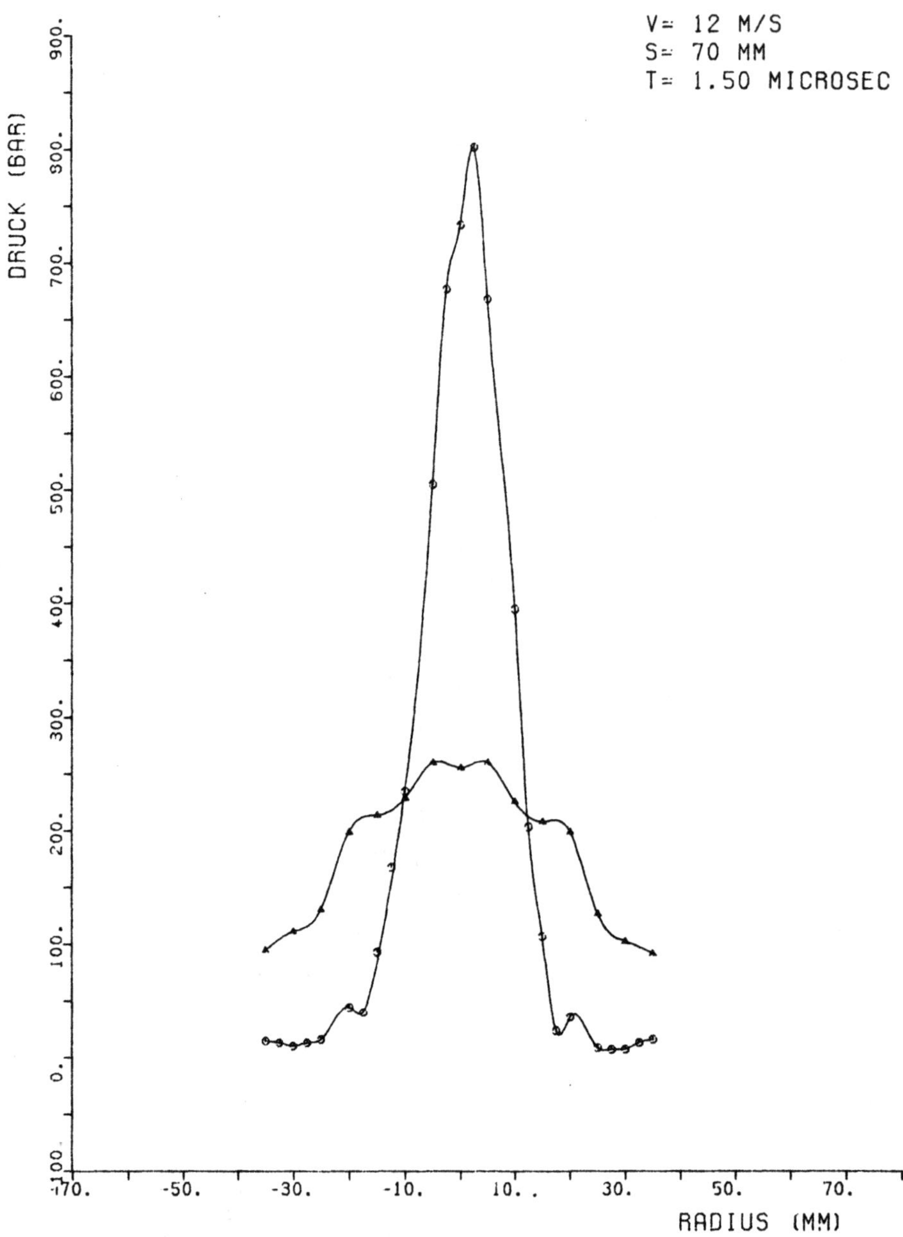

Abb. 4   ⊙   FOKUSSIERENDE ANORDNUNG
       ▲   EBENE   ANORDNUNG

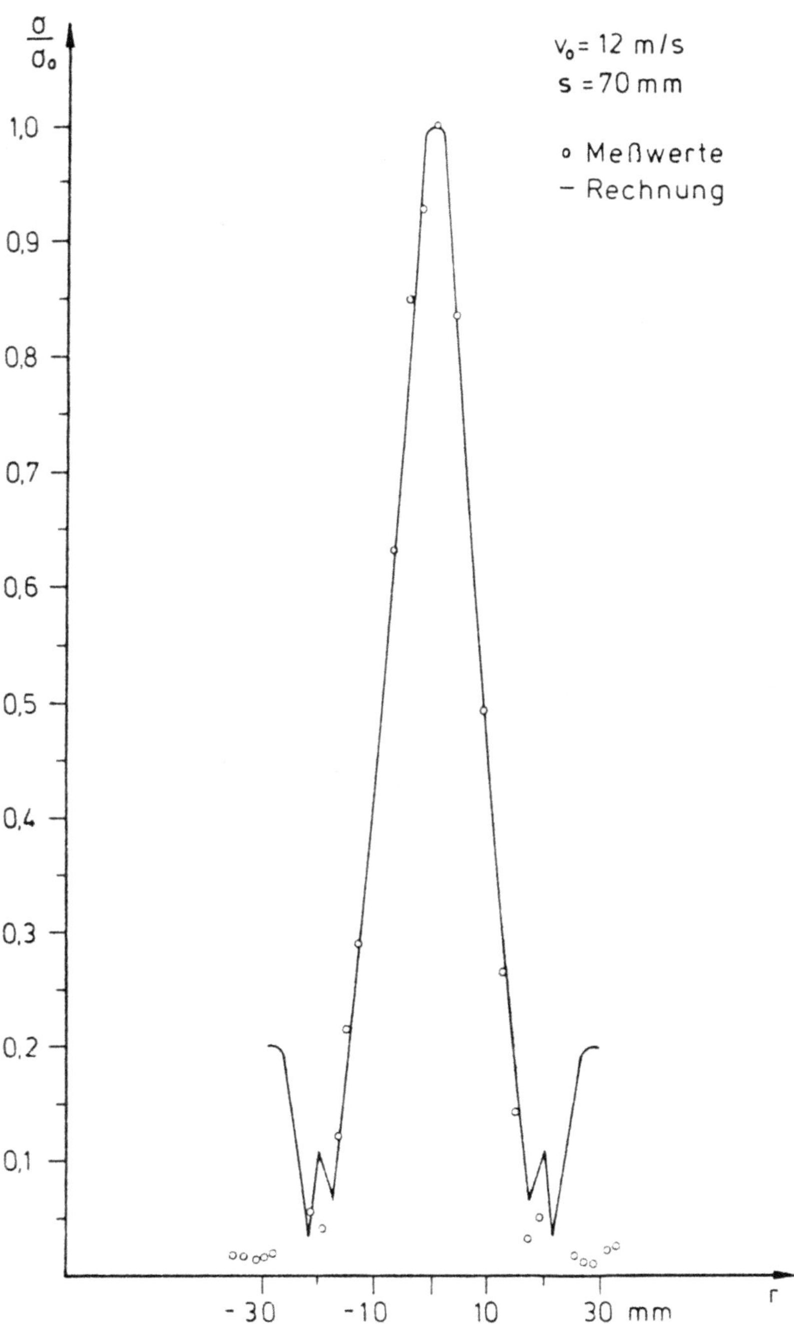

Abb. 5   Vergleich der rechnerischen Ergebnisse
mit den Messungen

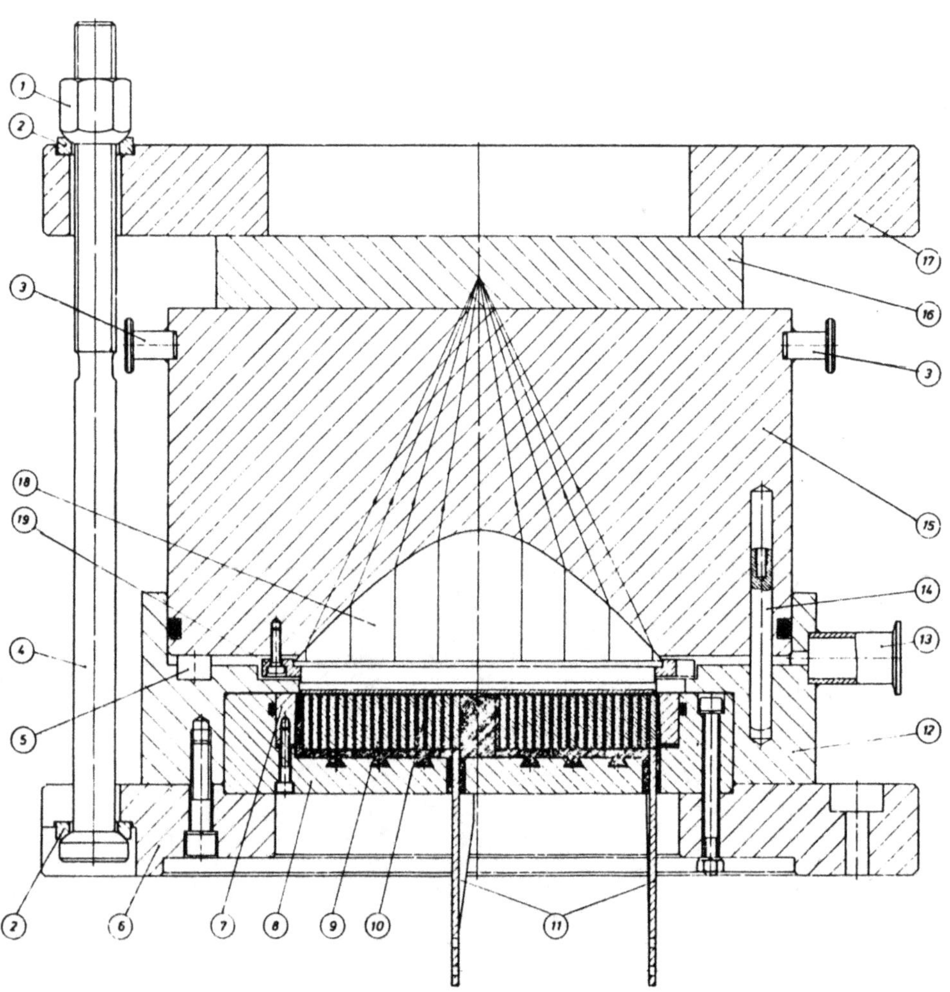

Abb. 6 Versuchsaufbau

1	Skt. Mutter	7	Spannring	13	Vakuumstutzen
2	Kegelpfanne	8	Spulentopf	14	Justierstift
3	Hebebolzen	9	Spule	15	Amboß
4	Zuganker	10	Platte	16	Prüfkörper
5	Distanzbolzen	11	Zuleitung	17	Deckplatte
6	Grundplatte	12	Haltering	18	Linse
				19	Linsenhaltering

Plattengeschwindigkeit über Weg s=2mm
Geschwindigkeit (m/sec)
100
80
60
40
20
0
8
7
6
5
4
$U_6 = 3kV$
2
2,4
2,8
3,2
3,6
4,0
4,4
4,8
5,2
5,6
6,0
6,4
6,8
Weg (mm)

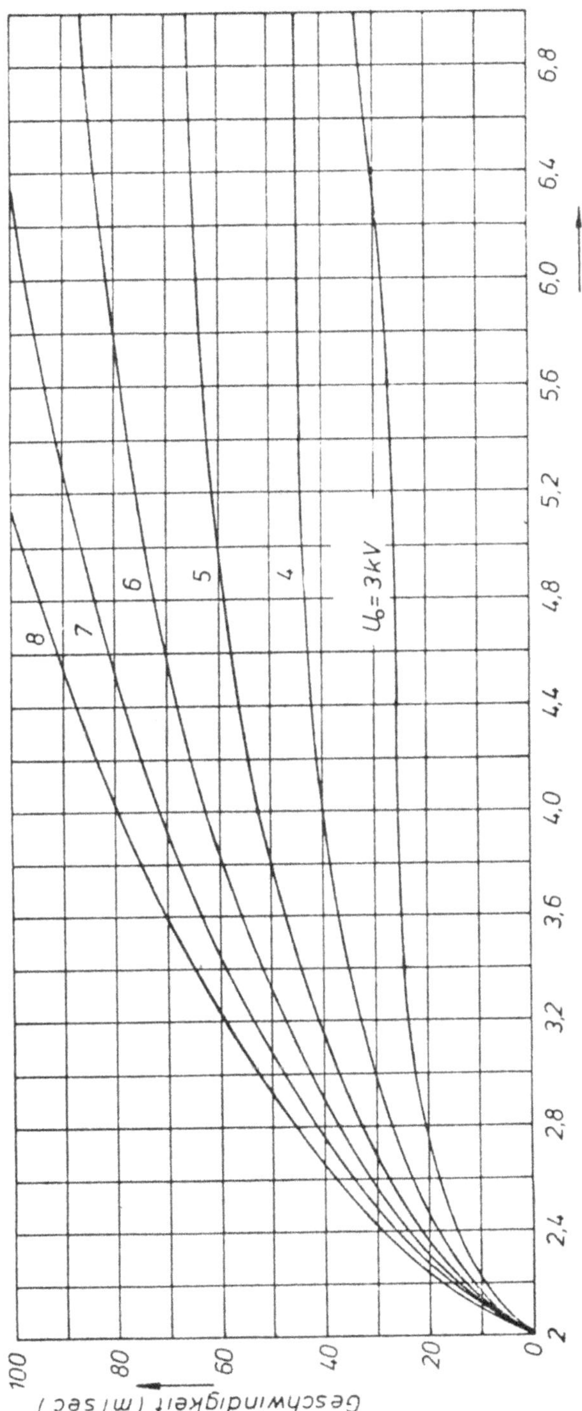

Abb. 7

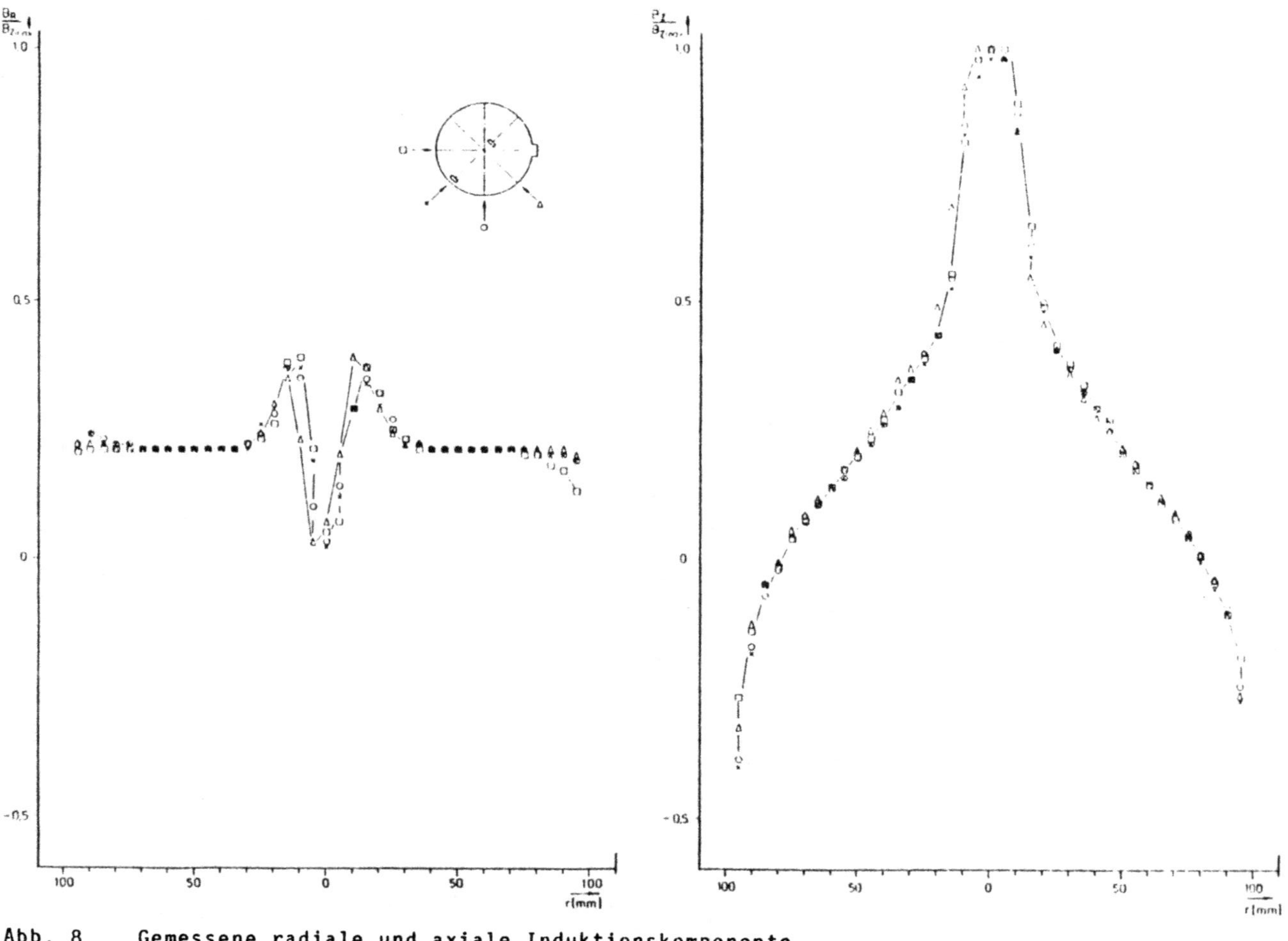

Abb. 8   Gemessene radiale und axiale Induktionskomponente

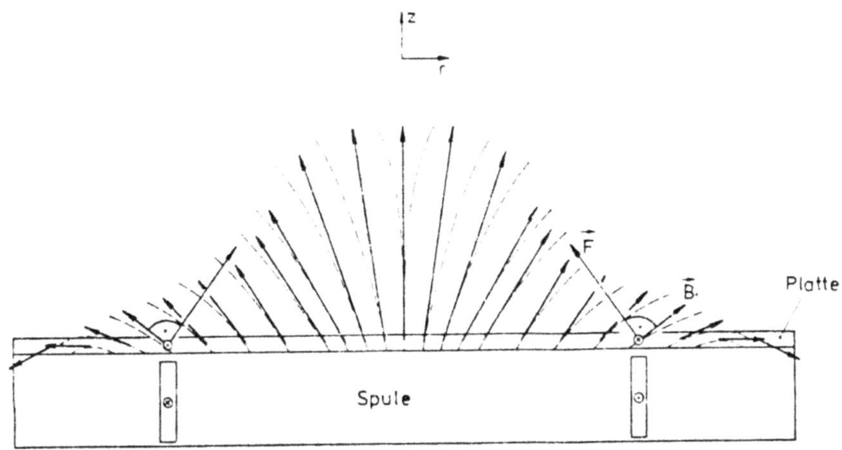

Abb. 9a   Magnetische Feldverteilung und Richtung
der Kraftvektoren

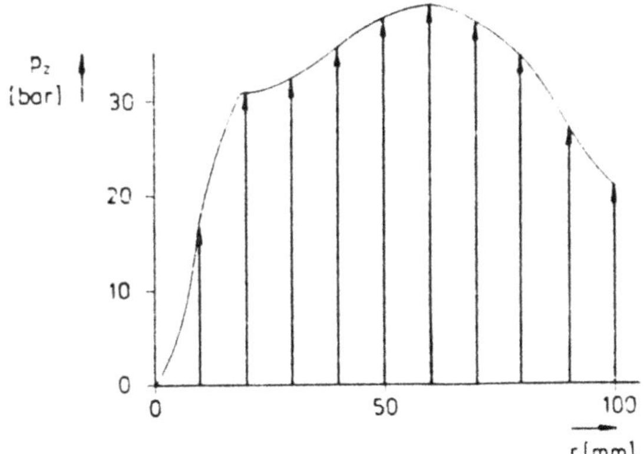

Abb. 9b   Abgeschätzte Druckverteilung
bei $U_0 = 6$ kV

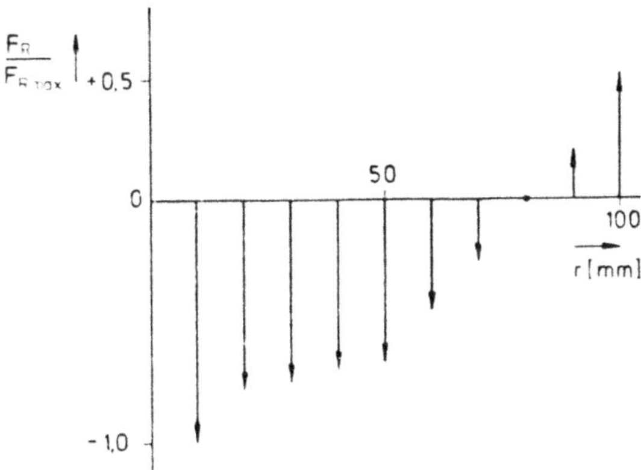

Abb. 9c   Radiale Kräfte in der Platte

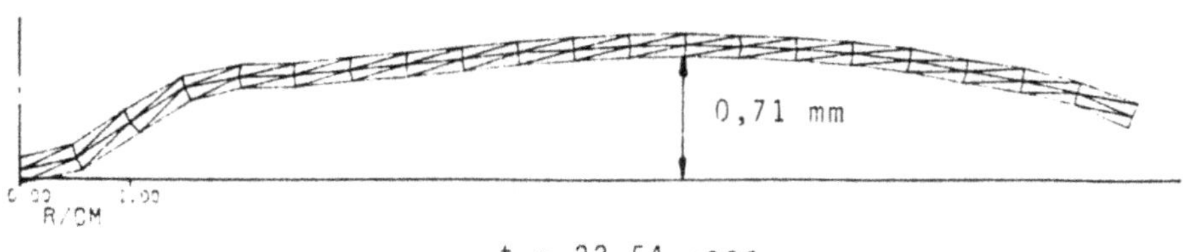

t = 22,54 μsec

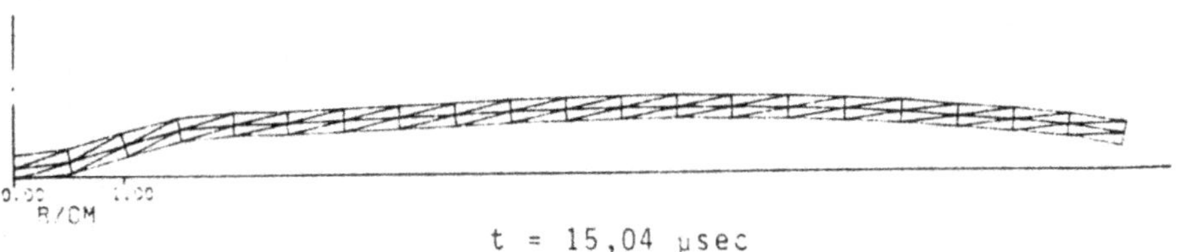

t = 15,04 μsec

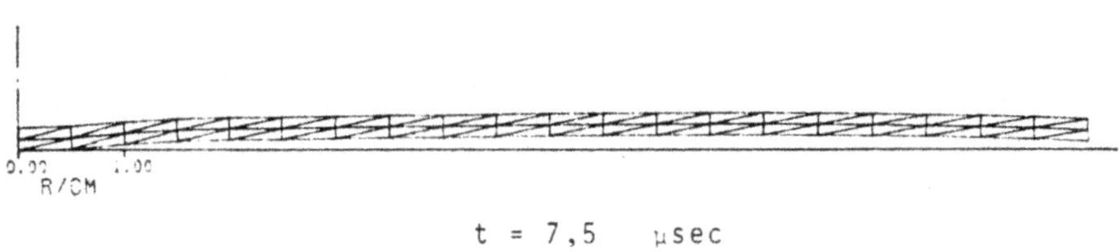

t = 7,5 μsec

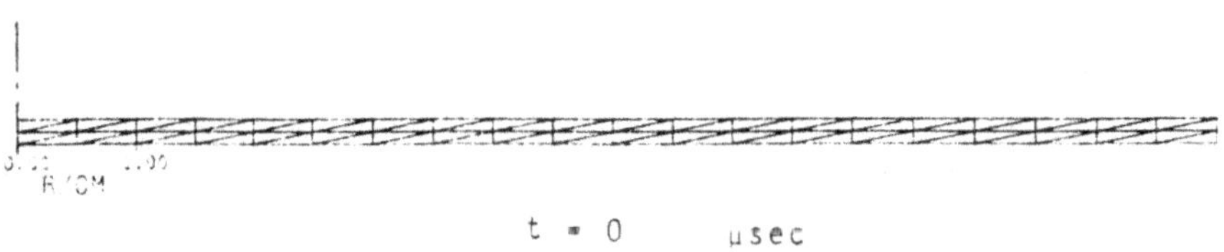

t = 0 μsec

Abb. 10   Nachrechnung der Entwicklung der Verformung der Platte

FORSCHUNGSBERICHTE
des Landes Nordrhein-Westfalen

Herausgegeben
vom Minister für Wissenschaft und Forschung

Die ,,Forschungsberichte des Landes Nordrhein-Westfalen" sind in
zwölf Fachgruppen gegliedert:

Geisteswissenschaften

Wirtschafts- und Sozialwissenschaften

Mathematik / Informatik

Physik / Chemie / Biologie

Medizin

Umwelt / Verkehr

Bau / Steine / Erden

Bergbau / Energie

Elektrotechnik / Optik

Maschinenbau / Verfahrenstechnik

Hüttenwesen / Werkstoffkunde

Textilforschung

WESTDEUTSCHER VERLAG
5090 Leverkusen 3 · Postfach 30 06 20

GPSR Compliance
The European Union's (EU) General Product Safety Regulation (GPSR) is a set
of rules that requires consumer products to be safe and our obligations to
ensure this.

If you have any concerns about our products, you can contact us on

ProductSafety@springernature.com

In case Publisher is established outside the EU, the EU authorized
representative is:

Springer Nature Customer Service Center GmbH
Europaplatz 3
69115 Heidelberg, Germany